Colores y números

I0799040

Autoayuda

Biografía

Louise L. Hay fue maestra y conferencista de temas metafísicos. Escribió más de 20 libros, publicados en 25 idiomas y 33 países, con ventas que ascienden a millones de ejemplares. Desde que inició su carrera como instructora de ciencia de la mente, en 1982, Louise L. Hay ayudó a miles de personas en el descubrimiento de sus poderes creativos para la curación y el crecimiento personal.

Louise L. Hay

Colores y números

Guía personal de numerología para obtener vibraciones positivas en tu vida.

Traducción de María Inés Ojeda Pesquera

DIANA

Título original: *Colors & Numbers*

Traducción: María Inés Ojeda Pesquera
Diseño: Nick C. Welch
Diseño de portada: Planeta Arte & Diseño / Lisset Chavarria Jurado
Ilustración de portada: © Getty Images

Bajo el sello editorial BOOKET M.R.
Avenida Presidente Masarik núm. 111,
Piso 2, Polanco V Sección, Miguel Hidalgo
C.P. 11560, Ciudad de México
www.planetadelibros.com.mx

Primera edición impresa en México en Booket: junio de 2025
ISBN: 978-607-39-2862-5

Impreso en los talleres de Litográfica Ingramex, S.A. de C.V.
Centeno núm. 162-1, colonia Granjas Esmeralda, Ciudad de México
Impreso y hecho en México - *Printed and made in Mexico*

CONTENIDO

COLORES Y NÚMEROS, EN RESUMEN

NÚMERO	***COLOR***	***GEMAS / METALES PRECIOSOS***	***PALABRA CLAVE***
1	rojo	rubí	comienzos
2	anaranjado	piedra de la luna	cooperar
3	amarillo	topacio	disfrutar
4	verde	esmeralda/jade	práctico
5	azul	turquesa/aguamarina	cambio
6	índigo (azul marino)	perla/zafiro/lapislázuli	responsabilidad
7	púrpura / violeta	amatista	fe
8	beige/marrón/rosa	diamante	logro
9	todos los colores pastel	ópalo / oro	terminación
11 / 2	blanco/negro/gris perla	plata	intuición
22 / 4	coral / rojizo	coral /cobre	grandeza

COLORES Y NÚMEROS

El estudio del color es fascinante. Estamos rodeados de color todo el tiempo. Aún aquello que llamamos incoloro tiene color. Es difícil imaginar un mundo sin color.

Cuando pensamos en color, puede ser que lo primero que nos venga a la mente sea la naturaleza. Buscamos el primer verde suave que confirma que la primavera viene en camino. Ver cómo los azafranes y los narcisos brotan de entre el deshielo de la tierra templa nuestros corazones. El desarrollo de un profundo verde exuberante y los colores de mitad del verano nos hacen sentir la abundancia de la tierra. Después llega el imponente espectáculo del otoño con sus amarillos, naranjas y rojos. Cuando se van, llega el invierno envuelto en su callada frazada blanca de nieve, y los grises troncos y hojas de los árboles. Esperamos una vez más la primavera.

¿Cuántas veces hemos visto un atardecer o un amanecer y nos hemos maravillado ante sus increíbles colores?

El amanecer en el desierto es una experiencia sobrecogedora; desde que se asoma el sol hasta el mediodía, el atardecer y luego la medianoche, hay miles de grados de color y luz. Cuando nos tomamos el tiempo para observar el azul del cielo, sentimos la tranquilidad y la paz de la expansión abierta del espacio. Los colores no solo tienen una función decorativa u ornamental; nos afectan en formas más profundas.

El color es una parte fundamental de nuestras vidas. Sin embargo, la mayoría de nosotros sigue siendo bastante ignorante acerca de los beneficios que pueden obtenerse mediante nuestro uso consciente del color. Cada color vibra con su propia energía, misma que podemos usar para mejorar nuestras vidas.

El estudio de los números es antiguo y respetado. Pitágoras, el filósofo griego, a quien a menudo se conoce como el padre de la numerología, consideró a "los números el máximo elemento del universo". Aun durante el Renacimiento, las iglesias se construían utilizando sistemas numéricos místicos que los arquitectos consideraban que aumentarían la experiencia de Dios dentro de esas paredes.

Tanto los colores como los números tienen gran significado. En este libro se usan conjuntamente, ya que la numerología nos enseña que cada número tiene asociado un color, y que cada mes, cada día, las vibraciones cambian. Conforme cambian las vibraciones del número, cambian los colores.

Hay muchas formas en las que podemos cooperar con la Vida. Una de las maneras de hacer que nuestros días fluyan más suavemente es utilizar de manera consciente nuestros números y colores personales. Este libro nos muestra además otro modo de integrar los colores y los números a nuestras prácticas cotidianas y la manera de equilibrarlos. Los números y los colores llenan nuestros días, y son útiles para nuestras vidas y actitudes. Pueden ser la base para nuestras afirmaciones y las declaraciones que hacemos de nosotros mismos, lo que es exactamente el propósito de este libro.

Todo parece estar numerado. Las calles, las casas, las cuentas de banco y los teléfonos están numerados. Todo electrodoméstico o *gadget* electrónico está numerado. También lo están los días festivos, los calendarios, las tarjetas del Seguro Social, las de crédito y los billetes. Pero los números más personales que tenemos son los que corresponden a nuestra edad y nuestra fecha de nacimiento.

El color también está por todas partes en nuestras vidas. Todos ingerimos comida, vestimos ropa y muchos de nosotros usamos piedras preciosas y gemas. Damos color a nuestras habitaciones y muebles. Nuestro modo de transporte está coloreado, al igual que el lugar donde trabajamos. Cuando elegimos colores conscientemente, y gemas y alimentos y ropa que se mezclen con nuestros propios ritmos de vibración día con día, mejoramos nuestra capacidad de fluir con las corrientes vitales. Una actitud saludable hacia nosotros mismos y nuestras vidas con frecuencia se refleja en los colores que usamos.

Los hombres y las mujeres, jóvenes y mayores, activos y sedentarios, todos encontraremos un sentido al asimilar los colores y los números en nuestras vidas. Cualquiera que sea tu estilo de vida, sin importar dónde vivas, el uso del color es una constante, y los números están en todas partes.

Todos los colores son buenos, y nos sentimos más cómodos con ciertos colores en ciertos momentos. La cotidianeidad se puede mejorar al rodearnos con los colores que sean los más armónicos con nuestras vibraciones personales para ese día. El estudio de los números, por otro lado, es lo que revela nuestras vibraciones diarias, mensuales y anuales. Cuando elegimos el color que está asociado con esas vibraciones específicas y ponemos atención a lo que nos dice ese número, estamos en mejor sintonía con la Vida.

Como verás, cada DÍA PERSONAL tiene un color que vibra con el número de ese día. Cada DÍA PERSONAL también tiene una piedra preciosa que resuena con el color y el número. Las gemas, al igual que los colores, tienen una vibración que, cuando las usamos, puede mejorar el estado de ánimo deseado. También existe una frase clave que marca el tono para ese DÍA PERSONAL.

He añadido una afirmación para cada DÍA PERSONAL, y te aliento a que te concentres en estas ideas positivas. Me gusta decirlas cada mañana poco después de despertar, al prepararme para un nuevo día, fresco y lleno de alegría, con mucho aprendizaje y crecimiento.

Cada uno de nosotros tiene sus propias vibraciones de número y sus propias vibraciones de color. Algunos de estos números, tal como nuestras fechas de nacimiento, son permanentes. También tenemos colores personales temporales que cambian con el calendario. Al rodearnos conscientemente con nuestros colores personales, estamos más en sintonía con las fuerzas cósmicas.

En este libro exploraremos un aspecto del estudio de los números conforme se aplica al uso del color en nuestras vidas diarias.

En la siguiente sección explicaré los métodos empleados para encontrar tu propia vibración para tu AÑO PERSONAL, la vibración para tu MES PERSONAL y la vibración para tu DÍA PERSONAL.

CALCULA TU AÑO, MES Y DÍA PERSONAL

Primero, existe una vibración del Año Universal (el año actual). Esta vibración funciona para todos. Encontramos el número que le corresponde al sumar los cuatro dígitos del año actual. Como ejemplo, usaremos el año 2025: al sumar 2 + 0 + 2 + 5 = 9. Entonces el año 2025 es un Año Universal # 9.

En la numerología, continuamos reduciendo los números hasta que obtenemos un solo dígito. Por ende, si el año fuera 2029, sumaríamos 2 + 0 + 2 + 9 = 13. Después seguiríamos reduciendo el número: 1 + 3 = 4, con lo que llegamos a que el año 2029 es un Año Universal # 4.

Año Personal

Para descubrir la VIBRACIÓN de tu AÑO PERSONAL, suma tu MES DE NACIMIENTO y tu DÍA DE NACIMIENTO al AÑO UNIVERSAL actual.

Si naciste el 23 de octubre, entonces sumas:

10 (para octubre)
23 (para el día)
9 (para el Año Universal, 2025)
42 4 + 2 = 6

2025 = TU AÑO PERSONAL # 6

Mes Personal

Para conocer la VIBRACIÓN de tu MES PERSONAL para el mes actual, suma tu AÑO PERSONAL al mes calendario. Como en el ejemplo anterior, si tu AÑO PERSONAL es el # 6 y estamos en el mes de junio, debes calcularlo como sigue: # 6 (Año Personal) + 6 (junio) = 12. (Recuerda, reduce los números de dos dígitos a uno solo.) La VIBRACIÓN de tu MES PERSONAL sería # 3.

6 (para tu Año Personal como vimos arriba)
6 (para el mes calendario, junio)
12 1 + 2 = 3

Junio de 2025 = TU MES PERSONAL # 3

Día Personal

Para conocer la VIBRACIÓN de tu DÍA PERSONAL, suma tu MES PERSONAL al día calendario.

Usando el ejemplo anterior de junio de 2025, si éste fuera un MES PERSONAL # 3 para ti, y hoy fuera el 1 de junio, suma el número de tu MES PERSONAL con el día calendario:

Para el 1 de junio de 2025, suma:

3 (para tu Mes Personal)
1 (para el día calendario, junio 1)
4

1 de junio de 2025 = DÍA PERSONAL # 4

Una vez que has determinado tu Día Personal, cada día que siga continuará en una secuencia numérica, del # 1 al # 9. Entonces, cuando llegas al Día Personal # 9, pasas al Día Personal # 1. Éste es el mismo procedimiento a seguir para el resto del mes. Cuando inicia un nuevo Mes Personal, inicias el cálculo de nuevo.

Este libro te proporciona unas páginas de calendario en blanco para que puedas calcular tus propios números personales. Es mucho más fácil hacerlo todo al mismo tiempo para que tengas listos tus números conforme los vayas necesitando. Puedes poner este libro cerca de tu clóset o en el baño, de manera que lo puedas consultar cada mañana antes de vestirte.

Si los cálculos para tus vibraciones personales suman 11 o 22, no reduzcas estos números a 2 o 4. Los números 11 y 22 se consideran como Números Maestros, que indican que tienes la oportunidad de operar durante ese periodo a una vibración más alta. En ese momento estás en mayor sintonía con principios más altos y universales que operan en tu mundo y en el mundo como un todo. Escríbelos como "11/2" o "22/4" de manera que te recuerde que tienes la opción de ser un 2 o llegar hasta un 11, o un 4 que llega hasta el 22. Por ejemplo, el 2 sigue al líder; el 11 *es* el líder. El 4 trabaja para sí; el 22 trabaja para la comunidad.

Es bueno saber que cualquiera que sea tu Año Personal, el primer Mes Personal será el siguiente número. Por ejemplo, enero de un Año Personal # 8 será un Mes Personal # 9. El primer día de un Mes Personal # 9 será un Día Personal # 1.

Días con una intensidad doble o triple

Los números de los Días Personales del 9, 18 y 27 de cada mes calendario serán los mismos que el número para el Mes Personal. Por ejemplo, en un Mes Personal # 6, los días 9, 18 y 27 todos serán Días Personales # 6. Estos son Días de DOBLE INTENSIDAD, los cuales quizás quieras marcar en tu calendario. En los días de Doble Intensidad, la energía que rodea a las indicaciones específicas se intensificará al doble, lo que significa que tendrás una oportunidad aún mayor de usar tales energías para tu beneficio y crecimiento.

Septiembre siempre es un mes especial. El número del mes de septiembre siempre es el mismo que tu Año Personal. Por lo tanto, los días 9, 18 y 27 de septiembre siempre son días de TRIPLE INTENSIDAD. Por ejemplo, en un Año Personal # 6, septiembre será un Mes Personal # 6 para ti; así pues, todo el mes estará intensificado. En septiembre, además, los días 9, 18 y 27 también serán tus Días Personales # 6 de TRIPLE INTENSIDAD. También puedes marcar estos días en tu calendario, quizás con un color diferente, para indicar que tus energías estarán al triple en esos días.

Sugerencias útiles

Los últimos dos meses de un año calendario siempre tienen los mismos números de Mes Personal que los dos meses que inician el próximo año calendario. Sin embargo, las vibraciones personales anuales serán diferentes. En un Año Personal # 6, noviembre será un Mes Personal # 8 y diciembre será un Mes Personal # 9. Los siguientes dos meses del siguiente año calendario (que será tu Año Personal # 7), enero será tu Mes Personal # 8 y febrero tu Mes Personal # 9. Los números serán los mismos, pero las vibraciones personales para el año serán diferentes, ya que ahora te encontrarás en el Año Personal # 7.

Por supuesto que puedes hacer cualquier cosa en cualquier día; sin embargo, si aprovechas la energía específica que te ofrece ese día te sentirás más en armonía con la vida. Si está nevando, no es lo mejor para ti salir a la intemperie en pantalones cortos y descalzo. Tu día será mucho más cómodo si usas ropa adecuada para la nieve. Y lo mismo pasa con la vida. Hay momentos en que ciertos comportamientos y actividades son más adecuados y cómodos que otros. Hay días que simplemente uno se siente PERFECTO yendo de compras o revisando las cuentas del banco, o puede ser PERFECTO para fregar los pisos. Lo que sucede es que vas entrando en armonía con las energías que te rodean a ti y a tu vida en todo momento. Este libro presenta una forma de aprovecharlas específicamente.

En la numerología, pocas veces se usa el negro. En un día 11/2 se puede usar el negro si se combina con el blanco, aunque creo que el gris perla y el plata son colores más propicios para esos días. El negro es la ausencia de color, y en mis muchos años como orientadora, he encontrado que las personas que usaban demasiado negro, o que vestían de negro todo el tiempo, pocas veces eran personas alegres. El negro tiene la tendencia a confinar y reprimir el espíritu. Si tienes un problema emocional y/o usas ropa negra con frecuencia, te sugiero que procures no ponértela durante un mes y observes si no te sientes más alegre. ¡Tal vez encuentres que te diviertes mucho más!

Si estás abordando estas ideas por primera vez, es posible que te tome algo de tiempo reunir un guardarropa que incorpore todos los colores para cada temporada en tu vestimenta. Mientras tanto, usa lo que tengas a la mano. No necesita ser todo un atuendo nuevo. Una pañoleta, un cinturón o un pañuelo –o incluso ropa interior colorida– funcionarán muy bien. En ocasiones tan sólo puede ser llevar un bolígrafo de color o incluso poner flores en un florero para que te recuerden la vibración de color para ese día. O darle a tu pareja o un amigo un regalo en el color correspondiente a su Día Personal.

Los alimentos que comemos también son coloridos. Por lo tanto, los colores que ingerimos en forma de alimentos son tan importantes como los colores que vestimos y con los que nos rodeamos. Por ejemplo, en un Día Personal # 1 rojo, manzanas rojas, jitomates o betabeles pueden atraer y favorecernos. (Consulta la gráfica de alimentos y colores en la página 65 para conocer otras ideas.)

Al entrar a un nuevo Año Personal, puedes comprar para tu casa algo que refleje este color todo el año. Puedes comprar una nueva colcha para la cama o pintar tu habitación favorita con un tono agradable del color de tu Año Personal. Quizás podrías comprarte un anillo o un dije. Si estás listo para comprarte un auto nuevo, la vibración de tu Año Personal podría influir en el color que elijas. Usa tu imaginación para dar un color significativo a tu vida. Tu imaginación refleja la imagen que tienes de ti mismo y el amor que estás desarrollando por tu ser.

Cuando tengas dudas, si no tienes el color adecuado a la mano para tu Día Personal, siempre puedes usar el color de tu Mes Personal o tu Año Personal. El número y el color de tu Año Personal es como la música de fondo para todo lo que hagas ese año.

¡Pruébalo, es divertido! Observa qué sucede.

Usa tus números

Ahora que has calculado tu Día, Mes y Año Personal actuales, pasa a la sección que explica tu Año Personal. Lee las indicaciones para tu Año Personal y lo que este año significa para ti. El Año Personal es como la música de fondo para tu Día Personal. Cada día, al levantarte, pasa a la sección del número que corresponde al de tu Día Personal. Después medita sobre los conceptos y afirmaciones que te presento, te ayudarán a sacar el mayor provecho de tu Día Personal.

Las indicaciones para el Día Personal se deben usar junto con las del Mes Personal y el Año Personal. Las indicaciones para el Mes Personal son las mismas que las del Año Personal del mismo número, así que debes ir a la sección de Año Personal para conocer las indicaciones para el Mes Personal. Yo prefiero concentrarme en el HOY, y así usar las indicaciones para el Día Personal y el Año Personal, más que para el Mes Personal.

AÑO
PERSONAL

AÑO PERSONAL # 1

Color	**Gema**
ROJO	RUBÍ

Palabra clave
COMIENZOS

Este es el año para nuevos comienzos, para nuevos inicios, para nuevas ideas, para cualquier cosa nueva. Es momento de plantar, de sembrar semillas. Las semillas plantadas este año tendrán efecto en los siguientes ocho años. Recuerda, las semillas no crecen de un día para otro. Primero tienen que germinar y enraizarse. Es hasta entonces que empiezan a crecer. Da a tus ideas tiempo para que arraiguen. Desarrolla un plan para lo que quieres en este ciclo de nueve años, y empieza a trabajar en ello desde ahora. Sé tú mismo y avanza con determinación. Toma el control. Mira hacia ti mismo en lugar de a las asociaciones o uniones. Durante este periodo, la independencia y la autopromoción tienen una fuerte influencia. Sienta las bases ahora. Mantente ocupado y a las cosas en movimiento. Este es el año para ser pionero y abrir brecha.

"¡ABRO NUEVOS CAMINOS E INICIO NUEVAS EMPRESAS!"

AÑO PERSONAL # 2

Color
ANARANJADO

Gema
PIEDRA DE LA LUNA

Palabra clave
COOPERAR

Las semillas que plantaste el año pasado se encuentran bajo tierra listas para germinar. Este año mereces algo de descanso y quietud. Asegúrate de tenerlos. Estudia y adquiere conocimiento. Practica la diplomacia y el tacto. Compartir y el trabajo en equipo son lo mejor. Sé muy cooperativo. Este año no fuerces nada. Sé paciente y espera. Lo que sea correcto para ti, llegará. Pon atención a los detalles. Reúne lo que necesites. Mira entre bastidores. Las oportunidades ya vienen en camino. Piensa, planea y mantente apacible. Mantén la calma. El amor se ve favorecido. Es un buen año para las relaciones y las asociaciones.

"¡CONFÍO EN QUE EL PROCESO DE LA VIDA SE DESARROLLARÁ EN EL ORDEN DIVINO CORRECTO!"

AÑO PERSONAL # 3

Color
AMARILLO

Gema
TOPACIO

Palabra clave
DISFRUTAR

Este es tu año para la diversión. Eso que iniciaste hace dos años ahora empieza a tener vida. Cree en ti. Las semillas están empezando a dar raíz. El nacimiento es evidente. Todo está bien, y tú lo sientes. El amor está por todas partes. Es tiempo de amigos y de hacer las cosas que disfrutas. Entretente, ve a fiestas y reuniones. Toma unas vacaciones y días libres. La influencia de este año es social y artística. Exprésate en formas creativas tanto como sea posible. Ríete, sonríe, canta, baila y esparce luz a todo tu alrededor. Tu año estará lleno de alegría.

"¡AMO LA VIDA Y LA ALEGRÍA DE VIVIR!"

AÑO PERSONAL # 4

Color
VERDE

Gema
ESMERALDA / JADE

Palabra clave
PRÁCTICO

Ahora es momento de volver a trabajar. Las semillas están sacando brotes por doquier. Deshierba. Sé productivo y organizado. Prepara tus cimientos. Mantente ocupado y cumple con tu programa. Haz un inventario. Organiza tu vida y pon atención a los detalles. Sé disciplinado y evita la pereza. Haz las cosas con alegría, y tendrás toda la energía que necesites. Cuida bien de tu salud. Estás poniendo las bases para el futuro, así que sé constructivo. Este año resuelve problemas. Cuanto más esfuerzo inviertas, mayores recompensas obtendrás. Todo saldrá bien.

"¡CONVIERTO TODO EN UNA OPORTUNIDAD!"

AÑO PERSONAL # 5

Color
AZUL

Gema
TURQUESA / AGUAMARINA

Palabra clave
CAMBIO

La libertad y el cambio están en el aire. Después de todo el trabajo realizado el año pasado, te mereces unas vacaciones. Deja que este año sea el año para engalanarte. Avanza con tu mejor paso. Deja la rutina. Olvídate de las ideas viejas. Haz algo inusual. Sé diferente. Sal y experimenta la vida en una forma distinta. Es un gran año para aprender un idioma nuevo o experimentar la vida en otro lugar. Haz cambios: en ti mismo, en tu hogar, en tu estilo de vida, en tu negocio. Asegúrate de que tus cambios también beneficien a otros. Ve a tanta gente como puedas. Busca lindas sorpresas. Pero no te olvides de las precauciones. Mantente activo, no agitado. Puede ser un año muy satisfactorio.

"¡ESTOY ABIERTO A LOS CAMBIOS Y AMPLÍO MIS FRONTERAS!"

AÑO PERSONAL # 6

Color
ÍNDIGO (azul marino)

Gema
PERLA / ZAFIRO / LAPISLÁZULI

Palabra clave
RESPONSABILIDAD

Ahora es momento para el hogar, la familia, la comunidad y los amigos. Las plantas florecen. Haz de tu casa el centro de tu vida. Sé responsable, justo y bueno. Sé servicial y acepta tus deberes de buen grado. Cuida de tus pertenencias, la gente, los lugares y las cosas. Este año es el mejor de todos para el matrimonio. Es un año perfecto para mudarte a un nuevo hogar. Haz de la música una parte importante de tu vida. Realiza todas las actividades de entretenimiento en casa. Fija tus estándares y cúmplelos. Termina lo que empieces. Mantén el ritmo y la armonía en tu vida. Sé el consejero. Ofrece asistencia cuando se necesite. Es un año sumamente satisfactorio.

"¡ACEPTO MIS RESPONSABILIDADES CON AMOR Y ALEGRÍA!"

AÑO PERSONAL # 7

Color
PÚRPURA / VIOLETA

Gema
AMATISTA

Palabra clave
FE

Este es un año interior. Los frutos empiezan a crecer en la viña y debes tener fe en que madurarán. Tómate tiempo para reflexionar, estudiar y autoanalizarte. Invierte mucho tiempo en estar solo y usa ese tiempo constructivamente. Analiza tus pensamientos y acciones. ¿Qué te gustaría cambiar de ti mismo? El número 7 siempre revela cosas que normalmente no vemos. Revisa tu vida. Este año es para el crecimiento interno y la preparación. No extiendas la mano ni trates de forzar las cosas; deja que ellas vengan a ti. Libera el mundo de los negocios tanto como puedas. Medita; sé introspectivo. Deja tu vida social para otro momento. Puedes viajar para aprender más sobre ti mismo. Este es un año espiritual, así que fluye con él. Deja que tu alma crezca.

"¡DISFRUTO LA BÚSQUEDA INTERIOR Y ENCUENTRO MUCHAS RESPUESTAS!"

AÑO PERSONAL # 8

Color
BEIGE / MARRÓN / ROSA

Gema
DIAMANTE

Palabra clave
LOGRO

Este es el año del éxito. Es hora de cosechar. Eso que iniciaste hace ocho años ahora está listo. Lleva tu producto al mercado. Los negocios y todas las cosas materiales son tuyos ahora. Pon algo de esfuerzo y lograrás mucho. Ve en busca de lo que quieres. Sé el ejecutivo, el administrador, el organizador. Sé eficiente y emprendedor. Seguro de ti mismo. Honesto y justo en tus tratos. Puedes lograr grandes cosas. Busca fuentes inesperadas de dinero. La época favorece los viajes de negocios. Este es tu año para lograr. ¡Ve por ello!

**"¡SOY EL EJECUTIVO PRÓSPERO
Y EXITOSO DE MI MUNDO!"**

AÑO PERSONAL # 9

Color
TODOS LOS COLORES PASTEL

Gema
ÓPALO / ORO

Palabra clave
TERMINACIÓN

Es momento de terminar y completar. El jardín está terminado para este ciclo, aunque algunas de las cosechas siguen produciendo. Este es el año de limpiar para la primavera. Llegar a los rincones. Revisar todo y tirar aquello que ya no sea útil en tu vida: personas, lugares, ideas y cosas. Si ya se acabó, déjalo ir. No te apegues. Muchas cosas saldrán de tu vida este año. Bendícelas y libéralas. Estás haciendo espacio para el próximo año. Hay mucha alegría a tu alrededor. Este es un año para cierres. No empieces cosas nuevas. No busques nuevas relaciones amorosas por ahora; no durarán. Disfruta la parte artística de la vida. Haz un viaje largo, aprende y da a otros. Sé tolerante, compasivo y perdona. El amor debe compartirse con todos. Entiende realmente el parentesco que tenemos todos en este planeta. El viejo ciclo se cierra. Prepárate para el nuevo que inicia el próximo año.

"¡ESTOY SATISFECHO, PLENO Y COMPLETO!"

AÑO PERSONAL # 11/2

Color
BLANCO/NEGRO o GRIS PERLA

Gema
PLATA

Palabra clave
INTUICIÓN

El 11/2 es un Número Maestro. Elévate por encima de las rutinas diarias. Brilla como una estrella. Establece nuevos estándares para ti mismo a nivel interno. Realiza una mayor investigación en las áreas espirituales y metafísicas de tu vida. Este año el amor universal es más importante que el amor personal. Mantén tu propia paz interior, sin importar lo que suceda. Los temas sobre el Nuevo Pensamiento te interesarán más. No es un año para los negocios, aunque tendrás muchas buenas ideas para más adelante. Vive conforme a tus ideales. Prepárate. La fama y el reconocimiento podrían llegar este año. Es momento de crecimiento interior, iluminación y reflexión.

"¡ESCUCHO LA VOZ INTERIOR DE LA SABIDURÍA!"

AÑO PERSONAL # 22/4

Color	Gema
CORAL / ROJIZO	CORAL / COBRE

Palabra clave
GRANDEZA

El 22/4 es un Número Maestro. Podrás tener logros superiores si te elevas por encima del 4. La comunidad te necesita. Si trabajas sólo para ti, perderás toda la ventaja del año. Si trabajas en grandes planes que beneficien a muchos, entonces tus proyectos serán exitosos. Es una oportunidad para un año poderoso que involucre grandes proyectos. Construye algo que valga la pena. Usa todos tus poderes mentales. No tendrás un año como este con frecuencia. El prestigio y el poder pueden ser tuyos.

"¡TRABAJO POR EL BIEN DEL PLANETA Y SOY BENDECIDO!"

DÍA PERSONAL

DÍA PERSONAL # 1

Color	**Gema**
ROJO	RUBÍ

TIEMPO PARA EMPEZAR

Sé independiente. Haz lo que quieras hacer. Ve tras lo que quieres. Ve a nuevos lugares. Conoce gente nueva. Prueba nuevas ideas. Empieza un nuevo trabajo. Mantente activo. Hoy es un gran día para esa primera cita. Encontrarás que los hombres son importantes en tu vida hoy. Hoy sé el líder. Confía en ti mismo y en tu intuición. Sé original y creativo. Sé ambicioso. Siente tu propio poder. Sé valiente. La ira, la terquedad, la impaciencia o la preocupación pueden socavar tus capacidades. Busca lo nuevo.

"¡ABRO NUEVAS PUERTAS A LA VIDA!"

Hoy confío en la Sabiduría Infinita dentro de mí para que me guíe y me oriente en nuevas áreas de vida. Estoy seguro y a salvo a medida que salgo, confiando en que el Proceso de la Vida está ahí para mí. La vida me apoya en todos y cada uno de los pasos en mi camino. Tengo alimento, casa, cobijo y amor en formas que me llenan plenamente. Abro mis brazos a lo nuevo, consciente de que pronto me será familiar. Sabiendo que todos los amigos y amantes alguna vez me fueron extraños, doy la bienvenida a nuevas personas a mi vida. Hoy es un día glorioso para mí.

DÍA PERSONAL # 2

Color	**Gema**
ANARANJADO	PIEDRA DE LA LUNA

COOPERAR

Mantente tranquilo. Es momento de estar de acuerdo con los demás. Haz más de lo que te corresponde. Sé paciente, tolerante y diplomático. Es tiempo de ser receptivo. Reúne lo que necesitas. Busca esa antigüedad especial. Observa, escucha y piensa. Tranquiliza a los demás, y sé consciente de sus sentimientos. Crea armonía. Disfruta a tus amigas. Relájate; sé tierno y agradable. Espera.

"¡SOY AMABLE Y CONSIDERADO CON LOS DEMÁS!"

Ayer planté en el Jardín de la Vida. Hoy pacientemente espero a que las semillas despierten. Tengo tiempo y consideración para todos los que me rodean. Alegremente ayudo en todo lo que puedo, aligerando la carga de los demás. Eso que yo doy me regresa multiplicado. Reúno para mí lo que necesito para el futuro. Es un día armonioso, receptivo, amoroso y apacible.

DÍA PERSONAL # 3

Color	**Gema**
AMARILLO	TOPACIO

ES TIEMPO DE DISFRUTAR

Ríe y diviértete. Todas las personas son importantes. Es un día social. Canta, baila y juega. Exprésate. Ama a todos los que te rodean. El día de hoy en verdad encarna la alegría de vivir. Mírate hermosa. Siéntete guapo. Experimenta la alegría que está dentro de ti, e irrádiala a tu alrededor. Bendice a todos y a todo. Haz que otros sonrían. Deja que tu creatividad se exprese sin límites. Es el mejor día para ir de compras. Es un día de gente. Ama a todos los que entren en contacto contigo.

"¡IRRADIO ALEGRÍA Y LA COMPARTO CON OTROS!"

La alegría fluye por mis venas y se expresa en cada parte de mi ser. Sé que mis semillas están brotando, y es momento de regocijo. Estoy alegremente exuberante y en armonía con toda la vida. Mi vida es una fiesta por experimentar y compartir con todos los que conozco. Mi creatividad fluye, y la comparto libremente. Soy hermoso, todos me aman. Todo está bien en mi mundo, y comparto este sentimiento con otros.

DÍA PERSONAL # 4

Color	Gema
VERDE	ESMERALDA / JADE

TIEMPO DE TRABAJAR

Es tiempo de levantarse temprano. Hacer los quehaceres. Hoy tienes mucha energía. Empieza a trabajar en esos proyectos. Paga tus cuentas. Escribe las cartas que tienes pendientes. Revisa tu presupuesto. Limpia tu casa. Lava el auto. Sé organizado y confiable. Realiza tus reparaciones. El trabajo que realices hoy es perdurable. Ve a tu revisión médica. Prepara las cosas para mañana.

"¡SOY ORGANIZADO Y PRODUCTIVO!"

Los primeros brotes tiernos empiezan a salir de la tierra y hay trabajo que hacer. Con alegría quito las hierbas de la negatividad que se encuentran en mi conciencia. El Poder del Universo me respalda en esta tarea y tengo energía sin límite. Hago las cosas fácil y rápidamente. Construyo cimientos sólidos para el mañana. Estoy saludable de cuerpo, mente y alma.

DÍA PERSONAL # 5

Color	**Gema**
AZUL	TURQUESA / AGUAMARINA

CAMBIO Y SORPRESA

Luce de la mejor manera posible. Realmente ponte elegante. Sal y busca lo nuevo. El cambio positivo está en el aire. Hoy eres libre. Espera una sorpresa. Haz algo diferente. Sé flexible. Cambia tu rutina. Promuévete y anúnciate, o a tus productos. Busca otra faceta de la vida. Regala algo. Vende algo. Hoy es el mejor día para un corte de pelo o una cirugía. Hoy te sientes libre.

"¡ESTOY ABIERTO AL CAMBIO Y ME REGOCIJO CON LO NUEVO!"

El cultivo crece bien y no necesita cuidados, remojándose en la luz de la vida y el alimento del suelo. Estoy libre para permitir que entren nuevas experiencias de vida. Estoy alerta a una sorpresa positiva y maravillosa que me beneficia en forma deliciosa. Me veo y me siento sensacional. Aquí estoy, mundo, abierto y receptivo a todo lo bueno, que acepto con alegría, placer y gratitud.

DÍA PERSONAL # 6

Color	Gema
ÍNDIGO (azul marino)	PERLA / ZAFIRO / LAPISLÁZULI

TIEMPO DE AJUSTE

Haz tu inventario personal. Revisa tu casa. ¿Puedes hacerla más cómoda? ¿Y tú? ¿Puedes ser más culto y refinado? Revisa tu dieta. ¿Necesita algún ajuste? Analiza tu personalidad. ¿Podría ser más alegre? Echa un vistazo a tus responsabilidades. ¿Hay alguna de la que tengas que hacerte cargo? ¿Estás metiéndote donde no te llaman? Si es así, déjalo. ¿Debes algo? Es momento de pagar. Disfruta a tu familia. Entretente en casa. Llena tu día de música. De ser posible, no viajes. Deja la redacción creativa para otra ocasión. Los maestros destacarán y se favorece el trabajo en grupo. Es un día estupendo para mudarte a un nuevo hogar.

"¡MI HOGAR ES UN PARAÍSO APACIBLE!"

Mis plantas florecen y es una alegría contemplarlas. Realzan mi casa y las atiendo con cuidado. Donde se necesita, hago ajustes fácilmente en mi morada. Es un lugar cómodo donde estar; para mí y para otros. Abro mi hogar y recibo a los invitados con música y amor. Son como una amorosa familia para mí.

DÍA PERSONAL # 7

Color	**Gema**
PÚRPURA / VIOLETA	AMATISTA

MIRA HACIA ADENTRO

Es un día para estar a solas, al menos un rato. Mantente tranquilo. Lee. Escucha tu alma interior. Deja el mundo de los negocios. Si hoy buscas dinero, se te escapará. Si te mantienes quieto y esperas, las cosas vendrán a ti. Estudia algo espiritual o científico. Si lees las Escrituras, este día elije Mateo 6. Trabaja en tus plantas. Realiza una larga caminata o sal en auto al campo. El número 7 siempre es revelador. Medita. Mantente abierto.

"¡BUSCO EN MI INTERIOR Y ENCUENTRO RESPUESTAS!"

Tengo fe en que el Universo está en proceso de producir un enorme bien para mí. Entonces en silencio tomo tiempo para ir a mi interior y estar en contacto con mi propia sabiduría interna. Veo con amor la naturaleza y toda su belleza, y me siento renovado y refrescado. Confío en que la Vida cuidará de mí. Sé que cualquier cosa que necesite siempre estará ahí para mí. El Poder que me da aliento me dará todo lo demás con igual facilidad y libertad.

DÍA PERSONAL # 8

Color
BEIGE / MARRÓN / ROSA

Gema
DIAMANTE

NEGOCIO EXITOSO

La ambición se revuelve dentro de ti. Es momento de avanzar. Preséntate y actúa como alguien exitoso. Es un buen día de negocios. Sé un ejecutivo. Organiza y reorganiza. Usa tu mejor juicio. Paga tus cuentas. Realiza todo tu trabajo financiero y legal. Es un día ideal para firmar arrendamientos o contratos. Ve al gimnasio y acude a tu revisión médica. Es posible que recibas un dinero inesperado. Ayuda a alguien menos afortunado. El éxito ya es tuyo.

"¡SOY PODEROSO Y PRÓSPERO!"

La generosa cosecha ha llegado y está lista para salir al mercado. Soy el ejecutivo de mi vida y mis asuntos. Tengo un buen juicio innato, ya que en todo momento estoy conectado con la Inteligencia Universal. Teniendo al Universo como socio, voy de un éxito a otro. Soy el director benevolente y cariñoso del reino que he creado. Cuanto más ayudo a otros, más próspero soy y más crezco. Donde yo estoy, todos ganan.

DÍA PERSONAL # 9

Color	Gema
TODOS LOS COLORES PASTEL	ÓPALO / ORO

HUMANIDAD

Todo el mundo es nuestra familia. Sé alguien humanitario. Ayuda a todos los que puedas. Sé generoso y amable. Hoy no inicies nada; sólo termina lo que tengas. No es un buen día para esa primera cita, no durará. No compres nada, a menos que sea para un regalo. Arregla armarios y cajones. Si no usas algo que tienes, regálalo o véndelo. Libera todo aquello que ya no te beneficia, tal como cosas, ideas, hábitos, relaciones. Sé un artista. Usa tus talentos creativos. Es un gran día para una actuación pública. Lo que des se te regresará, así que sólo da lo mejor. Cierra el capítulo; mañana empezarás uno nuevo.

"¡SOY UNO MISMO CON TODA LA VIDA.
TODO EL MUNDO ES MI FAMILIA!"

El trabajo está hecho, el ciclo está completo. Todo está limpio. Libero y dejo ir; con alegría doy todo lo que ya no necesito. Soy generoso con mis compañeros viajeros en este planeta, ya que son mis hermanos y hermanas. Perdono y olvido. Doy abiertamente mi corazón y mis posesiones. Tengo entendimiento, la realización es mía y estoy plenamente satisfecho. Todo está bien en mi mundo.

DÍA PERSONAL # 11/2

Color	**Gema**
BLANCO / NEGRO o GRIS PERLA	PLATA

SIGUE TU ESTRELLA

El 11/2 es un Número Maestro. Deja el mercantilismo atrás. Las vibraciones de hoy están sumamente a tono y son muy espirituales. Tu intuición es fuerte. No fuerces nada. Mantente en silencio. Mantén la paz. Deja que el día fluya y llega a tiempo. No leas. Ve a tu interior. No discutas; no ganarás. De todas maneras no es tu culpa. Sé una luz brillante en el mundo. Hoy puedes estar sumamente inspirado, o inspirar a otros.

"¡SIGO A MI ESTRELLA INTERIOR!"

Tengo una conexión directa con la sabiduría y el conocimiento de la fuente superior. A medida que veo hacia mi interior, todas las respuestas que busco están ahí para mí. Cada pregunta que tengo recibe fácilmente respuesta de mi propia inspiración. Inspiro a otros. Soy un ejemplo brillante de amor y luz. Hoy brillo y centelleo en forma pacífica y silenciosa.

DÍA PERSONAL # 22/4

Color	Gema
CORAL / ROJIZO	CORAL / COBRE

DA DE TI

El 22/4 es un Número Maestro. Olvídate de ti y de tus intereses. Cualquier cosa que hagas debe ser por el bien universal. Trabaja para la comunidad o para el mundo. Cualquier plan que hagas debe ser grande y por los más altos intereses de todos. Haz cosas por los demás. Te traerá buena fortuna.

"¡CON ALEGRÍA BENDIGO Y DESEO PROSPERIDAD A TODOS!"

Es mi alegría y placer compartir todo lo que tengo y lo que soy con todos en el planeta. Doy libremente mis talentos y capacidades y recursos. Mi punto de vista es más grande que nunca y trabajo por los intereses más altos de todos los involucrados. Soy uno con el universo hoy y para siempre.

TU CALENDARIO PERSONAL

EJEMPLO: Si septiembre es tu Mes Personal # 3, entonces octubre será tu Mes Personal # 4…

	DOM	LUN	MAR	MIE	JUE	VIE	SAB	
2025		1 **4**	2 **5**	3 **6**	4 **7**	5 **8**	6 **9**	
SEPTIEMBRE	7 **1**	8 **11/2***	9 ***3***	10 **4**	11 **5**	12 **6**	13 **7**	Tu Mes Personal # 3
	14 **8**	15 **9**	16 **1**	17 **2**	18 ***3***	19 **22/4***	20 **5**	
	21 **8**	22 **5**	23 **6**	24 **7**	25 **8**	26 **11/2***	27 ***3***	
	28 **4**	29 **5**	30 **6**					
				1 **5**	2 **6**	3 **7**	4 **8**	
2025	5 **9**	6 **1**	7 **11/2***	8 **3**	9 ***4***	10 **5**	11 **6**	
OCTUBRE	12 **7**	13 **8**	14 **9**	15 **1**	16 **2**	17 **3**	18 **22/4***	Tu Mes Personal # 4
	19 **5**	20 **6**	21 **7**	22 **8**	23 **9**	24 **1**	25 **11/2***	
	26 **3**	27 ***4***	28 **5**	29 **6**	30 **7**	31 **8**		

ENERO

DOM	LUN	MAR	MIE	JUE	VIE	SAB

TU MES PERSONAL: ____________________

FEBRERO

DOM	LUN	MAR	MIE	JUE	VIE	SAB

TU MES PERSONAL:___________________________

MARZO

DOM	LUN	MAR	MIE	JUE	VIE	SAB

TU MES PERSONAL:____________________

ABRIL

DOM	LUN	MAR	MIE	JUE	VIE	SAB

TU MES PERSONAL: ______________________________

MAYO

DOM	LUN	MAR	MIE	JUE	VIE	SAB

TU MES PERSONAL:______________________________

JUNIO

DOM	LUN	MAR	MIE	JUE	VIE	SAB

TU MES PERSONAL:____________________

JULIO

DOM	LUN	MAR	MIE	JUE	VIE	SAB

TU MES PERSONAL: ______________________________

AGOSTO

DOM	LUN	MAR	MIE	JUE	VIE	SAB

TU MES PERSONAL: ____________________

SEPTIEMBRE

DOM	LUN	MAR	MIE	JUE	VIE	SAB

TU MES PERSONAL:______________________________

OCTUBRE

DOM	LUN	MAR	MIE	JUE	VIE	SAB

TU MES PERSONAL: ____________________

NOVIEMBRE

DOM	LUN	MAR	MIE	JUE	VIE	SAB

TU MES PERSONAL: ______________________________

DICIEMBRE

DOM	LUN	MAR	MIE	JUE	VIE	SAB

TU MES PERSONAL: ______________________

LOS COLORES EN LA COMIDA

ROJO

manzanas
betabeles
col morada
cerezas
rábanos
frambuesas
fresas
tomates
sandía
carnes rojas

ANARANJADO

chabacanos
melón
zanahorias
mangos
naranjas
caquis (pérsimos)
calabazas
nectarinas
mandarinas

AMARILLO

plátanos
maíz
huevos
toronja
aceites
duraznos
piña
queso
camotes

VERDE

espárragos
alcachofas
aguacates
todas las lechugas
vegetales verdes
limones
peras

AZUL

arándanos
moras
algunas uvas
ciruela azul

ÍNDIGO (azul marino)

(usa los alimentos
azules y violetas)

PÚRPURA / VIOLETA

zarzamora
berenjena
uvas oscuras
ciruelas moradas
fruta de la pasión
alga dulce

ACERCA DE
Louise L. HAY

Louise L. Hay, autora del *bestseller* internacional *Tú puedes sanar tu vida*, es conferencista y profesora metafísica con más de 50 millones de libros vendidos alrededor del mundo. Durante más de 25 años, Louise ha ayudado a gente en todas las latitudes a descubrir e instrumentar todo el potencial de sus propios poderes creativos para el crecimiento personal y la autosanación. Ha aparecido en *El Show de Oprah Winfrey* y muchos otros programas de televisión y radio tanto en Estados Unidos como en otros países.

Louise es la fundadora y presidenta de Hay House, Inc., que difunde material audiovisual, estuches, barajas con afirmaciones positivas, calendarios y otros productos que contribuyen a la sanación del planeta. Sus publicaciones y productos van dirigidos a niños y adultos.

En los sitios Web de Louise, **www.LouiseHay.com®** y **www.HealYourLife.com®**, podrás reconectarte con tu grandeza, encontrar blogs, noticias y la sabiduría de Louise y sus amigos.

TAMBIÉN DE LOUISE L. HAY

LIBROS

Tú puedes sanar tu vida

Tú puedes sanar tu cuerpo

Ámate a ti mismo

Ámate y sana tu vida

Todo está bien

booket